MICROSCOPE MICROMETRIQUE,

Pour diviser les Instrumens de Mathématique dans une grande précision.

GNÔMON HORIZONTAL, ET INSTRUMENT ASTRONOMIQUE,

Pour prendre la hauteur des Astres jusques aux Tierces.

Et l'Aplication des Lunetes Pinulères, aux Instrumens de la Géometrie pratique.

Avec un Moyen de faire des Observations sur les Tremblemens de Terre, & de les pouvoir prédire.

Par M. DE HAUTE-FEUILLE.

A PARIS,

M. DCCIII.

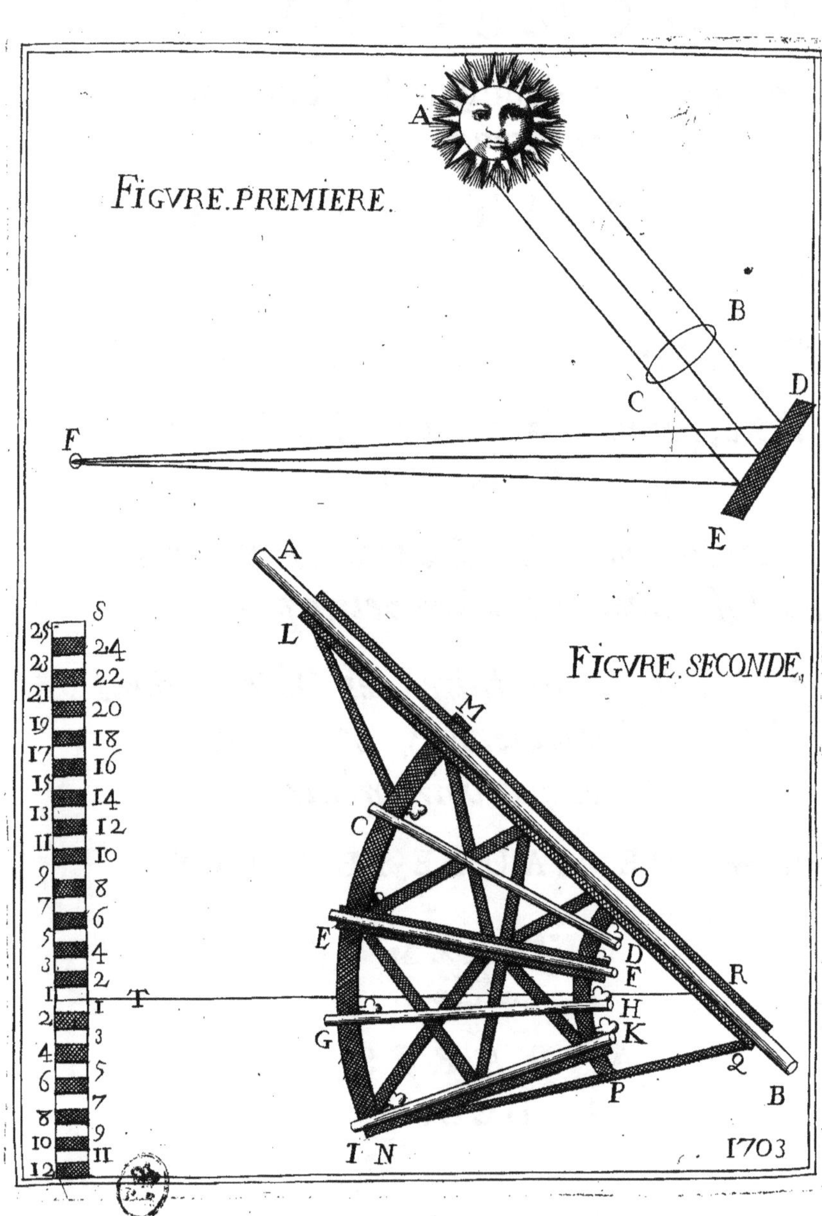
FIGVRE. PREMIERE.
A
B
C
D
E
F
FIGVRE. SECONDE.
A
L
M
C
O
E
D
F
R
T
H
G
K
Q
P
B
I N
S
25 24
23 22
21 20
19 18
17 16
15 14
13 12
11 10
9 8
7 6
5 4
3 2
1 1
2 3
4 5
6 7
8 9
10 11
12
1703

MICROSCOPE MICROMETRIQUE,

Pour diviser les Instrumens de Mathematique, dans une grande précision.

GNÔMON HORIZONTAL,

INSTRUMENT ASTRONOMIQUE,

Pour prendre la Hauteur des Astres jusques aux Tierces.

Et l'Aplication des Lunetes Pinuléres aux Instrumens de la Géometrie pratique.

Avec un Moyen de faire des Observations sur les Tremblemens de Terre, & de les pouvoir prédire.

L'ASTRONOMIE a toûjours été estimée au dessus de la Physique, & des autres parties de Mathematique, soit par la contemplation de ces immenses ouvrages de Dieu & de leurs mouvemens, soit par raport à la Navigation, à la Géographie, à la Chronologie & à plusieurs autres conéssances, de la perfection desquelles le genre humain lui est redevable.

J'ai eu dans ma jeunesse une forte inclination pour cete sublime Sience, & considérant qu'elle pouvoit être perfectionée en plusieurs manieres, j'ai crû que l'aplication seroit loüable d'en chercher les moyens. J'ai souhaité avec passion d'être en place, ou en état par moi-méme de faire des Observations Astronomiques, & je n'aurois pas desesperé de les porter

182.

à quelque degré de perfection. J'ai reconu que leur précision dépendoit de la bonté des Instrumens, de leur grandeur & de leur exacte division, parce que la Terre n'est qu'un Point en comparaison du Ciel, & que les Astres sont d'un éloignement prodigieux. Il est impossible d'en fixer les distances que tres-imparfaitement, à cause de la petitesse des Instrumens, & c'est ce qui produit cette grande variation dans les sentimens des Astronômes.

Je savois que Tycho-Brahé & les plus fameux Observateurs ont été persuadés de la necessité des grands & des bons Instrumens. Je conêssois aussi les inconveniens qui se trouvent dans l'usage de ces grans Instrumens, les difficultés de s'en servir, & la peine qu'il y a de les remuer & de les diriger, lors qu'ils ont huit, dix, ou douze piés de rayon, & que leur pesanteur y est proportionée, qui est quelque fois de plus de huit cent livres.

Ces raisons m'ont engagé à chercher les moyens de diviser les Instrumens Astronomiques dans une tres grande précision, & d'en avoir de petits qui pussent faire l'éfet des grans. Il s'en est presenté à mon esprit de trois ou quatre manieres, fondées sur diferens principes. J'en ai parlé dans mon écrit de la *Pendule Perpetuelle*, imprimé en 1678. & dans ma Letre à Monsieur le Duc de C**** qui parut en 1679. sous ce titre *Description d'une nouvelle Lunete & d'un Niveau tres sensible ;* je promis alors un moyen de prendre la Hauteur des Astres jusqu'à une Seconde, par l'aplication d'une Machine à une autre, & de ces deux au Quart de cercle, & de donner la Fabrique d'un Compas pour faire des divisions dans la derniere exactitude.

J'ai diferé jusqu'à present de publier ces Inventions, parce que j'avois dessein de m'en servir le premier, & de faire par leur moyen des Observations d'une justesse & d'une précision extraordinaire. J'esperois toûjours que quelque ocasion favorable se presenteroit pour cela, mais je n'ai point eu le bon-heur de la trouver: soit que je ne l'aye pas recherchée avec assés d'empressement, soit que la divine Providence en ait voulu disposer autrement.

Je me suis déterminé depuis peu à publier une de ces Inventions, pour faire conêtre que les choses que j'assure, sont réelles & solides, & que c'est par envie ou par prévention que quelques Savans les ont traitées de *Visions, de promesses en l'air, & de choses naturellement impossibles;* je me resoudrai peut-être aussi quelque jour à convaincre de fausseté le pareil jugement qu'ils ont fait de ce que je publiai l'année passée sur le MOYEN DE PERFECTIONER L'OUIE.

La premiere de ces Inventions que j'ai eu dessein de divulguer, est un,

MICROSCOPE MICROMETRIQUE;

Ou Moyen de diviser les Instrumens de Mathematique dans une grande précision, & de prendre sensiblement la Hauteur des Astres jusques à une Seconde, avec un Quart de cercle, de trois piés de rayon.

LE Micrometre est une des plus belles Inventions de ce Siecle, dont l'Astronomie pratique tire de tres grandes utilités, & il le cede en peu de chose aux Pendules & aux Lunetes d'aproche.

Le Microscope est conu depuis lontems, le Micrometre est plus récent, inventé par Monsieur Petit, & perfectioné par Monsieur Auzout, celebres Mathematiciens du Siecle passé; mais depuis plus de trente ans, les Savans n'ont point pensé à unir ensemble ces deux Instrumens.

L'idée m'en est venuë à l'ocasion d'un grand nombre d'Observations que je faisois autrefois avec le Microscope, suivant que le hazard me presentoit des objets à la Campagne & dans mon Cabinet. J'ai fait des Lentilles si petites qu'elles grossissoient (si j'ose dire) infiniment les objets, & j'ai vu par leur moyen des choses tres-singulieres, & aussi curieuses que celles que quelques Savans ont publiées.

Je m'apliquois dans le même tems au Micrometre, & j'en faisois diferentes experiences; j'admirois la beauté de cete Invention, & en même tems sa petitesse, qui n'est presque rien en elle-même: ce qui fait conêtre que les plus petites choses disposées & apliquées d'une certaine maniere sont capables de produire de grans éfets: Enfin soit par hazard, soit par réflexion, il me vint en pensée d'unir le Micrometre au Microscope, & je fus persuadé que l'union de ces deux Instrumens auroit de tres grandes utilités.

Je distingue le Micrometre en Simple & en Composé.

Le premier sert de Pinules, & consiste en deux filets simples de ver à soye, lesquels se coupent dans le milieu à angles droits, & sont placés au foyer comun de l'Objectif & de l'Oculaire d'une Lunete.

Le Composé est fait de tréze fils de ver à soye, atachés avec de la cire sur un petit chassis de cuivre de deux pouces & demi de long, & d'un pouce & demi de large; ces fils sont paraleles, éloignés l'un de l'autre, de deux ou de quatre lignes, & tranchés par le milieu d'un autre fil de ver à soye qui les coupe tous à angles droits. Un second chassis sur lequel est ataché un seul fil paralele aux autres, glisse sur le chassis précedent dans une rénûre quarée, ou en queuë d'Aronde, &

il avance ou recule par le moyen d'une visse, en sorte qu'on peut aprocher ou éloigner ce fil seul des autres, tant & si peu qu'on veut.

Ce Micrometre sert à observer les Eclipses du Soleil & de la Lune, & à conêtre le nombre des dois Ecliptiques, à prendre les Diametres des Planetes, & à mesurer sur terre les petites distances qui ne passent pas un degré & demi.

Je remarquai un jour que ces fils de ver à soye se relachoient par la chaleur, devenoient ondés & tortus & ne tranchoient plus l'objet en ligne droite. Pour éviter ce defaut, je fis tremper ces filets dans de l'eau gommée ou détrempée avec de la cole, & je les apliquai sur un morceau de verre fort mince. Ce moyen me parut assez bon, quoi que le verre intercepte plusieurs rayons, & qu'il diminuë un peu la vivacité des objets, mais le hazard m'en fit trouver un meilleur en cachetant une letre; je vis que la Cire d'Espagne produisoit des filets aussi deliés que ceux des vers à soye, & considerant qu'ils n'étoient point susceptibles de l'humidité, je m'en suis toûjours servi. Quelques Astronômes employent des filets de verre qui sont alongés au feu de la lampe ou du fourneau, & qui parvienent à la finesse de ceux des vers à soye; mais les filets de la Cire d'Espagne ont cete comodité de pouvoir être faits avec facilité & dans un moment par toute sorte de persones.

Je mis d'abord deux fils posés en croix au foyer d'un Microscope à deux verres, j'aperçus qu'ils divisoient l'objet en quatre parties égales, & que le milieu étoit parfaitement bien designé par l'intersection de ces deux fils. J'en apliquai ensuite cinq, paraleles & également éloignés entr'eux sur un petit cercle de laton, vidé dans le milieu, & un autre en travers qui les coupoit tous à angles drois; Pour savoir si ces fils étoient tous dans une égale distance, je me servis de deux filets qui s'aprochoient & s'éloignoient par le moyen d'une visse, & les aiant mis au foyer du Microscope, je regardai deux des fils de ce petit cercle, & je fis en sorte que ceux du Micrometre les couvrissent dans toute leur longueur; je transportai ensuite le Microscope sur les autres fils de ce petit cercle, & j'en trouvai plusieurs qui n'étoient pas également espacés, quoi que j'üsse aporté un grand soin à les metre tous dans une pareille distance; mais la petite diference qui s'y trouvoit & que je n'avois pu reconêtre à la vuë, étant multipliée plusieurs fois par le Microscope, & fixée par le Micrometre, paroissoit visiblement. Ce qui me donna lieu de les placer tous dans un parfait éloignement, & dont j'étois fort assuré.

Aiant remis ce cercle au foyer de mon Microscope, j'examinai les divisions d'un Quart de cercle qui me parurent presque toutes fautives, quoi qu'il ût été fait par un tres habile Ouvrier. Je me servis aussi de deux Microscopes Micrométriques pour examiner les divisions éloignées, & pour cet éfet j'en apliquai fixement un au bout d'une verge de fer: & j'en mis un autre qui glissoit tout le long, & qui s'arêtoit avec une visse où je voulois. Je les mis sur deux divisions, & je transportai un de ces Microscopes sur une autre division, comme j'aurois fait les pointes d'un compas, elle ne me parut pas être exactement placée: & allant de division en division, il s'en rencontra fort peu de justes. Je suis persuadé qu'on ne trouvera pas un seul Instrument Astronomique fait par quelque habile Ouvrier que ce soit, qui ne paroisse défectueux en l'examinant avec deux Microscopes Micrométriques.

Les Faiseurs d'Instrumens de Mathematique qui voudront diviser un Quart de cercle dans une grande exactitude, se serviront de deux semblables Microscopes qu'ils atacheront sur un Compas à pointes glissantes, l'un immobile devant la pointe fixe, & l'autre vis-à-vis la pointe mobile. Aprês avoir regardé dans un des Microscopes, ils feront avec la pointe un enfoncement ou petit trait fort delicat, que le filet qui est au foyer fera parêtre coupé directement par la moitié; ils feront ces points ou enfoncemens fort prês les uns des autres, en sorte que la base du Microscope en puisse embrasser deux ou trois, les Dégrez seront marqués à l'ordinaire, au dessus ou au dessous de ces divisions.

J'ai proposé cete Invention à feu M^r^ l'Abé Picard, & aiant ocasion de lui écrire, je le priai de me mander jusqu'à quelle précision il prenoit les Hauteurs. Voici la Réponse que j'en reçûs.

A Paris ce 21 Janvier 1677.

MONSIEUR,

„ J'ai diferé à vous faire reponse..... Quant à la dificulté que vous „ me proposéz, je vous dirai qu'il est vrai, qu'à trois piés de rayon le dé- „ gré ne vaut qu'environ huit lignes, mais que cela n'empêche pas que „ l'on ne puisse distinguer tout au moins la huitiéme partie d'une Minute, „ & si je me suis autrefois contenté d'un Quart, c'est que je n'avois „ pas besoin alors d'une plus grande justesse ou précision. Voici un „ raisonement que vous pourez examiner. Un fil simple de ver à soye „ est communément la cent vintiéme partie d'une ligne, comme vous

„ pouvez voir par le moien d'un Microſcope. Or ſupoſé que le degré
„ ſoit de huit lignes, & qu'ainſi la ligne contiene ſept Minutes & de-
„ mie, il s'enſuit que chaque Minute doit contenir la largeur de ſeize
„ filets de ver à ſoye, rangés côte à côte ; & comme il eſt veritable que
„ la groſſeur d'un tel filet peut devenir ſenſible par le moien d'une Loupe,
„ il faut conclure que même la ſeiziéme partie d'une Minute à trois piés
„ de rayon, pouroit être ſenſible, & d'ailleurs il n'importe pas que la
„ ligne de foi ſoit plus groſſe que la partie de la Minute que l'on veut
„ déterminer, ni que la Loupe groſſiſſe l'une & l'autre à proportion (ainſi
„ que vous objectez,) car il ſufit que par cete même Loupe on diſtingue
„ l'endroit deſigné par le bord du filet qui ſert de ligne de foi, & que
„ d'ailleurs on ſache la valeur de la partie qui eſt couverte par le filet.
„ &c. En un mot l'experience journaliere nous fait voir à l'Obſervatoire
„ qu'avec un Inſtrument de trois piés de rayon, on peut aller juſqu'à
„ cinq Secondes. Lorſque vous ſerez à Paris, l'experience vous en fera
„ plus voir dans un quart d'heure que je ne pourrois vous en écrire.
„ je ſuis.

MONSIEUR

Votre tres-humble & tres
obeïſſant Serviteur.
PICARD.

J'ûs peine à croire que cet habile Aſtronôme prît diſtinctement les Hauteurs juſqu'à cinq Secondes, parce que l'eſpace d'une ligne faiſant ſept Minutes & demie, ſi on la diviſe en quinze parties, chacune contiendra trente Secondes: & pour en avoir cinq, il faudroit diviſer cete quinziéme en cinq autres parties, dont chacune ſeroit la quatre-vint diziéme partie d'une ligne, laquelle ne peut être aſſez augmentée avec une Loupe pour être ſenſiblement aperçuë. La maniere de conêtre une diviſion par le jugement, par comparaiſon & à peu prês, eſt toûjours ſujete à erreur, puis qu'une même perſone juge diferement en diferent tems, à plus forte raiſon des perſones diferentes. On ne doit reconêtre & aſſurer d'exacte diviſion que celle qui ſe voit toûjours ſenſiblement la même, en tout tems & par toute ſorte de perſones.

Je ſupoſe au lieu de cinq Secondes, qu'un Quart de cercle de trois piés de rayon donne ſenſiblement la Hauteur juſqu'à trente Secondes, qui est la quinziéme partie d'une ligne. Si on aplique fixement proche le bord où sont les divisions, & à côté du fil perpendiculaire qui sert de ligne de foi, un Microscope Micrométrique, ou qui ait dans son foyer un petit-cercle garni de cinq filets de ver à soye: il est évident que cete quinziéme partie de ligne parêtra augmentée suivant la proportion des verres; & suposé qu'il fasse voir les objets quinze fois plus gros, cete quinziéme partie sera vuë distinctement divisée en six parties égales, qui sont chacune cinq Secondes; & comme l'espace, qui est entre chacun de ces cinq filets est de deux lignes, ou d'avantage, il s'ensuit que toute sorte de persones pouront apercevoir distinctement & en tout tems la cinquiéme partie, & par consequent avoir sensiblement la Hauteur des Astres jusqu'à une Seconde, avec un Quart de cercle de trois piés de rayon. En se servant d'un Microscope qui grossisse d'avantage, & en l'apliquant à un Instrument de douze piés de rayon, on prendra la hauteur des Astres jusqu'aux Tierces : puisque chaque Seconde y contient l'espace d'un fil de ver à soye, que le Microscope peut faire parêtre sensiblement divisé en six parties, qui font dix Tierces.

Ce Microscope Micrométrique poura servir dans l'Horlogerie & dans les Arts qui exigent de la précision, & pour distinguer une Médaille ou un poinçon faux d'avec un véritable; car quoi qu'il y ait des Graveurs assés habiles pour les contrefaire d'une maniere à tromper ceux qui s'y conêssent le mieux, il est moralement impossible qu'il les puissent imiter si parfaitement dans toutes leurs parties, qu'il n'y en ait pas quelqu'une plus proche ou plus éloignée de la cinquantiéme partie d'une ligne, laquelle peut être aperçuë par cet Instrument.

Je m'étois proposé de ne publier que cete Invention, mais le Savant & curieux Ecrit de Monsieur Cassini, sur les Observations de l'Equinoxe du printems de cete année, qui fut lu à l'Assemblée publique de l'Academie Royale des Siences le 18e Avril dernier, m'a excité à donner encore au public l'Idée d'un Gnômon Horizontal, & la description d'un Instrument Astronomique pour prendre la Hauteur des Astres jusqu'aux Tierces, & pour observer les Equinoxes avec une plus grande précision qu'on n'a pu faire jusqu'à présent.

Le dessein de la Réformation du Calendrier que Notre Saint Pere le Pape, fait examiner presentement, & en vuë de laquelle il a établi une Congrégation composée des plus Savans hommes d'Italie, m'a donné lieu de penser que ces Inventions pouroient servir à faire des Observations qui prouveroient la necessité de cete Réformation.

Monsieur Cassini dit dans son Ecrit que c'est une afaire où l'on

„ emploie les Maîtres de l'Art, qui demande l'inſpection immediate du
„ Ciel avec toutes les circonſpections, & que ſa Sainteté a fait conſtruire
„ exprés un Gnômon plus élevé que celui que Gregoire XIII. fit
„ faire au Vatican, & qu'elle l'a jugé d'un ſi grande importance qu'elle
„ l'a voulu faire conêtre à tout le monde & à la poſterité, par une
„ Médaille où il eſt figuré avec ces mots, GNOMONE ASTRO-
„ NOMICO AD USUM CALENDARII CONSTRUCTO.

En éfet, on ne peut douter de l'utilité de ce Gnômon s'il donne lieu de coriger le défaut de notre Calendrier, qui a retardé cete année la Fête de Pâque d'une ſemaine, & qui l'avancera de vint-huit jours l'année prochaine 1704. mais il y a aparence que Notre Saint Pere réformera une erreur ſi conſiderable, qui lui fut repreſentée il y a trois ans par feu Monſieur le Prince de Monaco, alors Ambaſſadeur de France à Rome, ſuivant les ordres qu'il en avoit reçus de Sa Majeſté.

Monſieur Caſſini aſſure dans cet Ecrit qu'il s'eſt trouvé, entre les
„ Obſervations du dernier Equinoxe faites à Rome & à Paris, une di-
„ ference de vint-trois Minutes, qui eſt provenuë de l'erreur de vint-
„ trois Secondes, dans les Hauteurs meridienes du Soleil, que l'on à priſes
„ de part & d'autre, & qu'il eſt extrémement dificile de l'éviter, partie
„ par la diverſité des Inſtrumens, toûjours ſujets à quelque peu d'erreur, &
„ partie par la diverſité des refractions.

„ Il ajoute qu'Hiparque lequel n'aſpiroit qu'à la ſubtilité qu'il croyoit
„ poſſible, déclare que ſes Obſervations (qu'il faiſoit il y a 1848. ans) ſont
„ ſujetes à l'erreur; que Ptolomée dans l'uſage qu'il fit des Obſervations
„ d'Hiparque aſſure qu'il s'y en eſt pu gliſſer quelqu'une; que les erreurs
„ des Anciens peuvent être encore augmentées de celles des Modernes,
„ & qu'il eſt vrai que dans les calculs l'envie d'une plus grande juſteſſe
„ porte les Obſervateurs au déla des Secondes, & même des Tierces,
„ mais que ces ſubtilités d'Arithmetique ne ſupléent point à celles qui
„ manquent aux Obſervations Aſtronomiques.

Toutes ces remarques de Monſieur Caſſini m'ont confirmé dans la perſuaſion où j'étois, qu'on ne peut avoir des Inſtrumens trop exacts, que leurs diviſions ne peuvent être trop préciſes, & qu'il ſeroit d'une très grande utilité pour la perfection de l'Aſtronomie & des conêſſances qui en dépendent d'avoir réelement & ſenſiblement la Hauteur des Aſtres de Seconde en Seconde, & même juſqu'à 20 ou 30 Tierces.

On ne peut douter que ce ne ſoit le ſentimenr d'HEVELIUS, un des plus fameux Aſtronômes du dernier Siecle, puis qu'il en parle dans ſon Livre intitulé MACHINA CÆLESTIS, page 299. en ces termes:

Si quisquam idem negotium ad ipsa Tertia redigere valeat, non solùm Astrosophis Universis gratissimum erit, sed tota Astronomia jugiter promovebitur, quod ut fiat, faxit DEUS Optimus Maximus!

Les Astronômes ont reconu de tout tems, que leurs plus grans Instrumens ne donnoient pas une précision assés exacte pour les Observations des Equinoxes, dans lesqueles, si on se trompe d'une Minute, on se trompe d'une Heure; & dans les Solstices, l'erreur d'une Minute cause celle de quatre Jours; ce qui a fait dire à Snellius que c'étoit un travail d'Hercule d'y éviter l'erreur d'un quart de jour.

Les anciens Observateurs, pour parvenir à une plus grande précision se sont servis de Gnômons, c'est à dire de l'ombre d'un stile fort élevé, ou de la lumiere du Soleil, qui passe par un trou rond d'environ deux pouces de diametre, fait dans une plaque de métail, posée horizontalement, & qui est reçuë dans un lieu obscur, sur un plan parfaitement de Niveau.

La Perpendiculaire du Gnômon, le Plan horizontal & le rayon du Soleil forment un Triangle rectangle, dont les deux côtés qui forment l'angle droit sont conus & mesurés. On conêt pareillement par la régle des Sinus, la Secante & les deux autres angles & celui qui est fait par le rayon du Soleil & la ligne qui tombe du Zénit sur le centre du Gnômon, auquel si on ajoûte la Réfraction trouvée, & le demi-diametre aparent du Soleil & qu'on ôte la Paralaxe, on aura la véritable distance du Soleil au Zénit; & si à l'heure de midi elle se trouve égale à la hauteur du Pôle, le Soleil sera pour lors dans l'Equateur, & autant de minutes qu'il y aura de plus ou de moins, l'Equinoxe sera éloigné du midi d'autant d'heures.

Le plus ancien Gnômon est atribué à Pithéas, qui le fit faire à Marseille deux cens seize ans, ou selon quelques-uns, trois cens vint-quatre ans avant la naissance de Jesus-Christ, du tems d'Alexandre le Grand, fondés sur ce que Strabon dit que les écris de Pithéas, déplûrent à Dicéarque, disciple d'Aristote.

Le Gnômon le plus élevé a été celui d'Ulug-Beigi, neveu du grand Tamerlan, qui vivoit en 1437. Sa hauteur égaloit cele du Temple de Ste Sophie à Constantinople, dont le Dôme est haut de cent quatre-vint piés.

190.

Ignace Dantes, Religieux de l'Ordre de saint Dominique, Professeur des Mathematiques dans le Colege de Bologne en Italie, & depuis Evéque, fit faire en 1576. dans l'Eglise de S. Petrône un Gnômon haut de soissante & sét piés Romains, pour prouver aux moins intelligens l'anticipation des Equinoxes, & la nécessité de réformer le Calendrier, qui le fut par le Pape Gregoire XIIIe en 1582.

Monsieur Cassini étant Professeur dans le même Colege de Bologne, remarqua plusieurs defauts survenus dans ce Gnômon, & en fit faire un plus élevé dans la même Eglise en 1656. dont la Perpendiculaire est de mil pouces, mesure de Paris. Il a fait par son moyen plusieurs Observations qu'il a publiées dans un écrit intitulé, *Specimen Observationum Bononiensium quæ novissime in D. Petronii Templo, &c.* Et le Pere Riccioli en a parlé amplement dans son *Astronomia Reformata.*

Plus un Gnômon seroit élevé, & plus la précision seroit grande, si les rayons du Soleil qui passent par ce petit trou n'aloient pas en s'écartant, & ne diminüoient point de Lumiere : ce qui fait qu'en arivant sur le Plan, & y formant une Figure ovale de cinq ou six piés de diametre, il est dificile d'en distinguer l'ombre d'avec la pénombre.

Cet inconvenient & la dificulté de trouver des bâtimens d'une grande hauteur, & un lieu propre pour recevoir dans l'obscurité la lumiere du Soleil, lors qu'il est au Meridien, m'ont engagé à la recherche d'un autre Gnômon : & j'ai pensé qu'il étoit possible de le faire Horizontal, en faisant passer la lumiere du Soleil AB, Figure premiere, au travers de l'Objectif BC, & en la faisant réflechir horizontalement par le Miroir plan DE, sur un mur dont la face regarde directement le Septentrion, en F.

Il est certain que l'élévation & l'abaissement du Soleil parêtront sur ce mur de la même maniere qu'ils feroient sur un Plan horizontal, en se servant d'un Gnômon aussi élevé, avec céte diference que plus le Gnômon seroit haut, plus la lumiere deviendroit foible, & il pouroit être si élevé qu'on ne pouroit plus la distinguer d'avec l'ombre. La même chose ariveroit, si on augmentoit la grandeur du trou par ou passe la lumiere; mais en prolongeant le Gnômon Horizontal, l'ouverture des Objectifs est augmentée en même tems, & il passe au travers, un plus grand nombre de rayons, qui vont se réunir à leur Foyer.

Dans l'experience grossiere que j'en ai faite avec un Objectif de 45. piés & un Miroir de verre pour marquer une ligne meridiene, j'ai aperçu l'ombre & la lumiere distinctement terminée : & j'ai lieu de croire que si cet Objectif ût été meilleur, & le Miroir de métal bien fait, ce Gnômon auroit produit un bon éfet.

La dificulté d'avoir d'excelens Objectifs de six cens, & de douze cens piés de Foyer, & des Miroirs parfaitement plans, ne m'a point paru une raison sufisante pour douter de la réussite de cete Invention. Monsieur Harsoëker enseigne, dans son Essai de Dioptrique, le moyen de faire d'excelens Objectifs de cete longueur, & il assure en avoir fait plusieurs de six cens piés, travaillés des deux côtés,& qui auroient eü douze cens piés s'ils ne l'avoient été que d'un seul. Mais suposé qu'il fut dificile de faire d'excelens Objectifs de cete longueur, les bons pouront sufire, & même les médiocres, parce qu'on est seulement obligé de diminuer leur ouverture, & que celle d'un médiocre Objectif peut faire parêtre la lumiere à son Foyer, distinctement terminée & sans confusion d'ombre & de pénombre, qui est tout l'essentiel en cete afaire.

Plusieurs Auteurs qui ont trêté de la Dioptrique, ont donné des Tables pour les ouvertures que doivent avoir les Objectifs. Mr Auzout en a fait une pour les excelens, une pour les bons, & une pour les médiocres. Mr Harsoëker donne à un Objectif de cinq cent soissante & seize piés une ouverture de douze pouces. Suposé qu'un médiocre Objectif de cete longueur ne puisse soufrir que huit pouces, ce seront plus de cinquante pouces quarés de lumiere : & quand il s'en perdroit un quart ou un tiers par la réflexion du Miroir, il en resteroit trente ou quarante pouces, qui se réunissans dans le Foyer à trois ou quatre pouces, seront capables d'y produire une sensation assés forte pour faire apercevoir l'ombre & la lumiere.

La situation de cet Objectif & de ce Miroir peut être de deux manieres, l'une fixe & l'autre mobile. La premiere, pour servir à une seule élévation d'un Solstice ou d'un Equinoxe, est facile à metre en pratique. La seconde, pour être propre à toutes les hauteurs du Soleil, en élevant ou en abaissant le Miroir, aura plus de dificulté; mais la Machine étant une fois bien construite, il sera facile de la metre tous les jours dans sa veritable situation.

DESCRIPTION D'UN INSTRUMENT ASTRONOMIQUE,

Pour prendre les hauteurs du Soleil & des Etoiles jusqu aux Tierces.

COmme on ne peut avoir trop de moyens pour parvenir à la précision que demandent les Observations Astronomiques, je me suis apliqué à en chercher plusieurs, & j'en ai trouvé encor un, qui me parêt

192.

excelent par sa simplicité & par sa précision. Il consiste dans la disposition de cinq Lunetes d'aproche marquées dans la figure seconde A B, C D, EF, GH, IK, lesqueles sont atachées avec des visses sur la portion du cercle M, N, O, P, Q, faite de bois, dont toutes les parties sont jointes par des assemblages à l'ordinaire. Ces Lunetes tendent toutes au point R, centre de l'Instrument. A cent piés de ce centre R, dans la ligne meridiene, est un mât ou un mur, le long duquel on metra perpendiculairement une bande de cuivre, ou de quelqu'autre matiere; & comme il seroit dificile de la faire d'une seule piece, elle sera composée de plusieurs bandes mises les unes au dessus des autres, qui n'en feront qu'une seule de vint cinq piés, laquele sera divisée en parties egales de piés, de pouces de lignes & de demies lignes. Le point R & le point T sont suposés parfaitement de Niveau.

Lors qu'on voudra observer la hauteur du Soleil dans le Solstice d'hiver, la Lunete A B, qui est fixe & inébranlable, sera dirigée sur la division de la Lame ST, qui fait precisément la fin du quinzième degré, que l'on conêt certainement par le calcul & par les Tables des Sinus.

En même tems la Lunete DC, qui a un petit mouvement, sera mise sur le point T, commencement de la premiere division, ou elle sera arêtée par une visse. On élevera ensuite la Lunete A B, au centre du Soleil, lors qu'il sera au Méridien, & regardant par la Lunete C D, on verra une division de la Lame tranchée, par le fil de ver à Soye, qui sera un certain nombre de degrés, de Minutes, de Secondes & de Tierces : lequel étant joint avec les quinze degrés, dont la Lunete A B, & la Lunete C D, sont éloignées, donneront la hauteur juste du Soleil.

Si on observe cet Astre dans le tems de l'Equinoxe, la Lunete C D, étant sur la division du quinzième degré, la Lunete E F, sera mise sur le point T, & arêtée avec une visse : alors la Lunete A B, étant élevée au centre du Soleil, la Lunete E F, coupera une division ou un certain nombre de degrés, de Minutes, de Secondes & de Tierces, lequel étant ajouté avec les trente degrés, compris entre la Lunete A B, & céte Lunete EF, sera précisément la hauteur du Soleil.

On fera la même chose pour l'Observation du Solstice d'Eté, c'est à dire, qu'ayant mis la Lunete EF, sur la division du quinzième degré, on metra la Lunete GH sur le point T, où elle sera arêtée par le moyen d'une visse, & la dirigeant ensuite sur le quinzième degré, la Lunete IK, sera mise & arêtée sur le point T : alors métant la Lunete AB, sur le centre du Soleil, la Lunete IK, tranchera la division d'un certain nombre de degrés, de Minutes, de Secondes & de Tierces, lequel joint à celui des soissante degrés des quatre autres Lunetes, seront precisément la Hauteur du Soleil.

Il est facile d'aperçevoir la raison pourquoi j'ai mis cinq Lunetes,en considerant que la lame ST, ne donnant par suposition que la hauteur de quinze degrés, il a falu pour avoir cele de trente, en metre deux; trois pour quarante-cinq,& cinq pour soissante & quinze. J'ai jugé inutile d'en metre six pour avoir la hauteur de quatre-vint dix degrés, parce qu'elle s'observe rarement; On pouroit avec deux petites Lunetes, outre la grande, prendre toutes les hauteurs jusqu'à quatre-vint dix degrés, en métant l'une sur une face de l'Instrument & l'autre de l'autre côté,& en les transportant alternativement de quinze en quinze degrés; mais cete adition de deux autres Lunetes,augmentant tres-peu la composition de cet Instrument, elle en rend l'opération plus simple & plus facile.

Si la Lame S T, ne contenoit que dix, ou que cinq degrés, il faudroit multiplier les Lunetes autant de fois que le nombre des degrés de la lame seroit contenu dans celui des degrés que l'on voudroit avoir par l'Instrument.

Il est visible que cet Instrument est un Sextant,ou une portion de cercle de soissante degrés, qui a cent piés de rayon: & qu'il est aussi facile de s'en servir, de l'élever & de l'abaisser, que s'il n'avoit que six ou douze piés de demi-diametre, puis qu'en éfet je supose qu'il n'en a pas d'avantage, si on excepte l'augmentation de la Lunete AB, qui est une fois plus longue. Les autres Lunetes seront un pié ou deux plus petites que le rayon, afin de donner lieu de pouvoir regarder dedans sans incomodité.

Les Géometres savent par le calcul & par les Tables des Sinus, combien un degré, une Minute & une Seconde, doit contenir de parties des divisions de la Lame S T, & on la doit considerer comme le Limbe d'un Instrument Astronomique, ou comme une Echele Altimetre. Si M[r] l'Abé Picard a pu avec un Quart de cercle de trois piés de rayon, distinguer jusqu'à cinq Secondes, on peut croire qu'avec cet Instrument on poura apercevoir jusqu'à vint où trente Tierces.

La distance TR, que j'ai fixée à cent piés, poura être plus petite, & même n'être éloignée que de quinze ou vint piés. Alors les petites Lunetes seront des Microscopes Micrométriques.

Céte distance pouroit aussi être de cent toises, mais céte augmentation seroit inutile, si on ne prolongeoit point la Lunete AB, que j'apele Pinulére, parce qu'en éfet elle sert de Pinules.

Une Lunete tres longue mise sur un Quart de cercle fort petit, auroit une précision superfluë; car suposé qu'elle fût de cent piés & qu'elle fit apercevoir jusqu'aux Tierces, si cet Instrument n'avoit qu'un pié de rayon, son Limbe ne pouvant pas même marquer les Minutes, céte distinction

194.

des Tierces que donneroit la Lunete, deviendroit absolument inutile. Il en seroit de même, si un Quart de cercle avoit cent piés de rayon, & qu'il n'ût pour Pinules qu'une Lunete d'un pié: parce que ne pouvant être haussée ou baissée avec la précision d'une Minute, la détermination visible des Tierces, que donneroit le Limbe de cet Instrument, seroit incertaine, & par consequent inutile.

Il me semble que le celebre Hevelius n'a pas fait assés d'atention à ces deux choses, qui lui auroient fait conêtre la précision & la necessité des Lunetes Pinuléres, que de Savans Observateurs lui assûroient surpasser trente ou quarante fois cele des Pinules ordinaires. Si ce Savant Astronôme y avoit fait réflexion, il auroit reconu que cete visse dirigeante, (*Cochlea Directoria*) ces rouës dentées & ces Eguiles qui tournent sur un Cadran, qu'il apliquoit à ses Instrumens pour prendre les hauteurs jusqu'à une Seconde, & même jusques aux Tierces, ne pouvoit produire cet éfet: cependant il en étoit si persuadé qu'il dit à page 317. du Livre que j'ay cité,

Nimirùm me non dubitare, quin Germani Siderum Cultores, quibus Cœlum aliquantò penitiùs introspicere, major anxiorque cura est, mihi aliquando insignes pro universis istis Cochleis, Organis Astronomicis felicissimo successu (DEO sit Gloria) a me adhibitis, persolverint gratias.

J'ai proposé la même Invention des rouës & des pignons dans mon Trêté de la *Pendule perpetuelle*, mais j'en aperçûs bientôt le défaut, qui provient, outre le jeu des roües, de la trop grande précision.

L'Invention que je publiai en 1678. pour acourcir les Lunetes d'aproche des deux tiers, par le moyen de deux Miroirs plans, que plusieurs Savans se sont depuis atribuée, quoiqu'elle ne réussisse point dans la pratique, pouroit servir en cete ocasion: parce que le Soleil ayant toûjours trop de lumiere, on est obligé d'en amortir la plus grande partie avec des Verres colorés ou enfumés, & la perte des rayons qui se fera sur les Miroirs plans, quelque grande qu'elle soit, sera autant de diminué.

L'utilité de cete Lunete racourcie consiste, en ce que l'image du Soleil y est aussi grande dans son foyer que dans celui d'une Lunete deux fois plus longue: ce qui donnera lieu de hausser ou de baisser cet Instrument avec une précision aussi grande que si la Lunete AB, avoit dix-huit ou trente six piés.

On peut objecter que dans les Observations du Soleil, les Lunetes mediocres sont plus comodes que les grandes, à cause que dans celes-ci l'œil ne peut embrasser d'une seule vuë l'image entiere du Soleil, & que les longues Lunetes font parêtre le mouvement de cet Astre plus rapide.

Il sufit que l'œil aperçoive un des bords du Soleil, lors qu'il frise les filets du Micrometre: & cet Astre parêssant au Meridien paralele pendant deux minutes, quelque vitesse qu'il ait, on poura en apercevoir exactement la hauteur.

Cet Instrument Astronomique servira aussi à conêtre la quantité des Réfractions, qui causent un tres grand embaras dans l'Astronomie, par ce qu'elles sont diférentes dans les diverses saisons & dans les diférens païs, & qu'elles changent souvent dans un même jour: ce qui fait que les Observations des Astronômes ne se raportent presque jamais, & qu'ils atribuënt quelques fois aux Réfractions, les erreurs de leurs Instrumens & les defauts de leurs opérations. Les Observateurs qui se sont apliqués à la précision, ont fait trois Tables des Réfractions, pour l'Eté, pour l'Hiver & pour les Saisons des deux Equinoxes. Ceux qui ne se servent que d'une seule Table pour toute l'année negligent l'exactitude, & encore plus ceux qui n'ont égard ni à la Paralaxe ni à la Réfraction, croyans que celle-ci, qui éleve l'Astre, compense celle là qui l'abaisse; mais quand les Astronômes qui recherchent l'exacte précision auroient fait une Table pour tous les jours de l'année, elle ne sufiroit pas. Il seroit necessaire qu'ils eussent un Instrument qui leur marquât exactement la quantité de la Réfraction, dans le lieu où ils observent; cet Instrument me parêt possible, & j'en ai imaginé un, qui peut faire apercevoir à la vuë & sensiblement la quantité de la Réfraction jusqu'à dix ou quinze Secondes.

INSTRUMENT POUR PRENDRE LA DISTANCE DES ETOILES,

POur prendre la distance des Etoiles fixes entr'elles, il faut avoir deux Lunetes égales, qui fassent un angle, & qui puissent s'aprocher & s'éloigner comme les jambes d'un Compas. Ces Lunetes ayant été dirigées vers deux Etoiles seront arêtées fermes, & aprés l'Observation, on en dirigera une au point T, & l'autre sur la division de la Lame qui marquéra le nombre des degrés, des Minutes, des Secondes, & des parties de Secondes, qui se trouvent entre ces deux Etoiles. Mais parce que cet Angle peut comprendre plus de degrés que n'en contient la Lame ST, il en faudra faire une autre, qui soit paralele à l'Horizon de telle longueur qu'on voudra, & qui aura à son extremité une seconde Lame tirée à angle droit, laquele déterminera & aura l'éfet du Quaré Géometrique.

Il est visible qu'en regardant les Etoiles, & ensuite la Lame perpendiculaire ou la Lame Horizontale, il faudra alonger le tuyau qui porte l'Oculaire : mais comme il s'agit ici d'une Seconde, & même de vint Tierces, ou ce qui est la même chose de l'épaisseur d'un fil de ver à soye & de sa troisiéme partie, on peut croire qu'en tirant le tuyau de l'Oculaire, il pourra varier de cet espace insensible, & causer quelque erreur. On l'evitera en doublant ces Lunetes, ou en metant dans un tuyau quaré deux Objectifs, & deux Oculaires, dont les uns serviront pour le Ciel, & les autres pour la Terre. Ces deux Lunetes, ou ces quatre, composent un Instrument Astronomique, sans Limbe, sans divisions, tres grand, tres leger, fort exact, & qui à toutes les perfections que peuvent souhaiter les Astronômes. Ils prendront par son moyen les distances des Etoiles fixes, leurs hauteurs Meridienes, & la hauteur du Pôle, qui est la base & le fondement de toutes les Observations Astronomiques, avec une précision à laquele aucun Observateur n'est arivé jusqu'à présent.

Tycho Brahé & plusieurs celebres Astronômes persuadés de la necessité absoluë des grands Instrumens pour l'exactitude des Observations Astronomiques, n'y ont épargné aucune dépense, quelque grande qu'ele pût être ; mais sachant par leur propre experience, que ceux de fer ou de cuivre devenoient impraticables, par leur grande pesanteur & souvent inutiles par les dificultés insurmontables de s'en servir, ils les ont fait faire de bois de chesne ou de noyer. Ils ont aporté toute leur industrie pour en faire bien joindre les parties par de bons assemblages & des tenons de fer; ils en ont fait incruster de lames de cuivre les principales parties, & enduire les autres de matieres résineuses & propres à empêcher l'humidité de s'insinuer dans le bois, & ils les tenoient continuelement envelopés dans des linges huilés. Mais quelque précaution qu'ils ayent pris, ces Instrumens de bois ne sont demeurés que tres peu de tems dans leur premier état de perfection, & leurs divisions ont été insensiblement alterées : & enfin aprés plusieurs experiences fâcheuses, ils ont reconu & établi comme une chose constante, que tous les Instrumens de bois de quelque maniere qu'on les fasse, doivent

être

être rejetés des Obſervations Aſtronomiques.

L'Inſtrument de bois, dont je viens de donner la deſcription, ne ſera point ſujet a ce defaut, quand même il ſeroit de Sapin, & continuelement expoſé à la Pluïe, aux Vents, & à toutes les injures de l'air, parce que les petites Lunetes ſe placent & ſe rectifient, lors qu'on veut obſerver; & il ne peut ariver aucun changement à ce bois en ſi peu de tems; ajoûtés qu'on peut encore les verifier aprés les Obſervations, ce qui eſt une choſe tres conſiderable.

J'ai dit que la ligne T R, doit être de Niveau; il n'y a pas encore longtems, que de tres habiles Aſtronômes ſe ſervoient, pour avoir un plan horizontal, d'un tuyau de fer blanc recourbé par les deux bouts & rempli d'eau, ce qui eſt ſans doute une opération longue & laborieuſe; mais, graces aux Lunetes Pinulêres, & à l'heureuſe aplication qui en a été faite à toute ſorte de Niveaux, on prend maintenant, avec beaucoup de facilité & de promtitude, deux points parfaitement de Niveau, diſtans l'un de l'autre de pluſieurs centaines de toiſes.

J'ai ſupoſé la diſtance T R, de cent piés. Il eſt facile de la meſurer actuelement, mais comme il pouroit ariver, que cete ligne ſeroit dificile à toiſer & interompuë par des haus & des bas, ou ſeroit même inacceſſible, j'ai trouvé un moïen de la meſurer avec une auſſi grande exactitude, que ſi elle étoit ſur un plan fort droit.

APLICATION DES LUNETES PINULE'RES,

Aux Inſtrumens de la Géometrie Pratique.

De même que l'aplication des Lunetes Pinuléres, a rendu les Niveaux beaucoup plus parfaits, j'ai penſé qu'en les apliquant aux Inſtrumens de la Géometrie & de l'Arpentage, on pouroit meſurer les lignes inacceſſibles avec une grande préciſion. Les Géometres & les Arpenteurs ſavent que le Triangle Equiangle, que forment ces Inſtrumens, eſt ſi petit, que ſupoſé qu'on s'y trompe d'une diviſion, l'erreur ſe trouve ſur la ligne inacceſſible d'un pié, d'une toiſe, ou d'une perche, ſuivant la meſure dont on s'eſt ſervi.

Lorſque ces Inſtrumens ſeront garnis de Lunetes Pinuléres, qui aprochent les objects, & qui donnent lieu de diriger le filet préciſément dans un point, le Triangle Equiangle ſe trouvera fort juſte, & les petites diviſions ſeront tranchées exactement. Mais quelque préciſion que puiſſe avoir ce Triangle Equiangle, il eſt ſi petit, en comparaiſon du grand qu'on veut meſurer, que pour peu que l'on ſe trompe dans une de ſes diviſions, l'erreur devient conſiderable dans la meſure de la ligne inacceſſible.

J'ai cherché le moïen d'éviter cete erreur, & je me ſuis aviſé de métre deux Lunetes aux deux extrémités d'un bâton de ſix piés de long, que j'ai pointées vers un objeƈt ſuposé inacceſſible ; ſans changer leur ſituation mutuele, je les ai dirigées vers un autre objeƈt, dont je me ſuis aproché, juſqu'à ce que les filets des Lunetes fûſſent réunis dans ſon milieu : & meſurant enſuite les diſtances de ces deux objeƈts, je les ai trouvées preſque égales.

J'ai ajouté une troiſiéme Lunete à un des bouts du bâton, pour meſurer la largeur d'un batiment éloigné, en dirigeant deux Lunetes l'une à un bout du batiment & l'autre à l'autre bout : & tournant le bâton vers un objet acceſſible, les filets des ces Lunetes ont coupé deux objets, dont j'ai trouvé l'élognement égal à la largeur du batiment.

En aprochant ou en éloignant quelque peu ces Lunetes de l'objet, les filets parêſſoient toûjours unis. Cet eſpace qui étoit d'un pouce ou deux, que j'apele latitude, provenoit de la petite diſtance d'une Lunete à l'autre, qui eſt ſenſible ſur ce grand élognement. J'ai cherché le moïen d'éviter cete erreur quoique petite. Il faut avoir pour cela deux Inſtrumens compoſez chacun de deux Lunetes, l'une grande & l'autre petite, diſpoſées en maniere de compas, c'eſt à dire, qui puiſſent faire tel angle qu'on voudra, & pointer la grande Lunete vers l'objet inacceſſible, & la petite vers un piquet mis ſur une chemin, dont on méſurera la longueur, qui ſera priſe à diſcretion. On métra ſur ce piquet le ſecond Inſtrument, dont la grande Lunete ſera dirigée vers l'objet inacceſſible, & la petite vers le centre du premier Inſtrument.

On raportera ce ſecond Inſtrument ſans changer ſon angle, & aprés avoir tourné la grande Lunete du premier vers le piquet, on meſurera ſur la ligne marquée par ſa petite Lunete, une diſtance égale à la premiere, & on métra à l'éxtremité de cete ſeconde diſtance, le ſecond Inſtrument, dont la petite Lunete ſera dirigée vers le centre du premier.

Alors ces deux grandes Lunetes font un angle, à la pointe duquel métant une baguete, elle ſera coupée par leurs filets, & meſurant la diſtance de cete baguete au premier Inſtrument ; on la trouvera préciſément la même que cele de l'objet inacceſſible : en ſorte que ſur une ligne de cent toiſes, il n'y aura pas l'errêur de ſix lignes, ce qui n'a point encore été pratiqué avec tant de préciſion.

Quoique cete Invention ſoit la même que cele de l'aplication des Lunetes aux Niveaux, ſon utilité ſera beaucoup plus grande, parce que le Niveau est borné à la conduite des Eaux, au lieu que l'Arpentage & la Géometrie pratique sont d'un usage continuel en paix & en guerre.

Quelques uns ont apliqué des Lunetes aux Instrumens, pour prendre des angles sur terre plus exactement. Mais la maniere que je propose est tres diferente,& à quelque chose de meilleur. Chaque Invention à son mérite, celle qui est plus utile au Public, & dont l'usage devient plus comun, est sans dificulté la plus estimable. J'aurois pû donner une plus ample explication de ce moïen de mesurer les distances inaccessibles, & en faire graver des figures, mais ce que j'ai dit sufira aux persones intelligentes. Il se poura trouver des Curieux qui perfectioneront cete Invention, & qui en instruiront le Public.

Aprésles moïens que je viens d'expliquer pour prendre les hauteurs des Astres; il est inutile d'en proposer un moins parfait, qui consiste dans l'aplication de mon Niveau sur l'Alhidade d'un Quart de cercle; la liqueur en montant, marquoit le long des tuiaux perpendiculaires, les dégrés & les Minutes, avec plus de précision que l'Instrument seul ne pouvoit faire.

Le tuyau de verre à moitié plein d'air & de Mercure, dont Mr Hevelius s'est servi pour son grand Quart de cercle horizontal mobile fait de cuivre, m'a donné cete idée. Je suis persuadé, que si ce grand Astronôme avoit eu conêssance de ce Niveau, qu'il l'auroit apliqué à cet Instrument qu'il estimoit beaucoup.

RE'PONSE,

Aux dificultés proposées par Monsieur Cassini.

La crainte de tomber dans le defaut asses ordinaire aux Inventeurs, d'être prévenus de leurs pensées, & de n'en pas apercevoir le foible, m'a engagé de comuniquer cet Ecrit aux persones intelligentes en ces matieres. Monsieur Cassini m'a fait l'honeur de me proposer plusieurs dificultés que l'on verra dans sa Letre, dont voici la copie.

MONSIEUR,

» Je voudrois bien que le succez pût répondre à votre intention, mais

„ ou trouverons-nous les ouvriers capables de diviſer les Inſtrumens avec „ cete éxactitude qu'elle demande ? Feu M. le Bas étoit l'homme du „ monde le plus exact dans les diviſions; celui qui travailloit le mieux aux „ Microſcopes & aux Micrométres; il s'en ſervoit autant que ſon induſtrie „ le permetoit.

„ Il entreprit de diviſer pour moy un Quart de cercle de trois piés de „ rayon avec tout le ſoin imaginable. Après l'avoir divisé avec toutes les „ précautions, en l'éxaminant, il y trouva des fautes qu'il ne pouvoit pas „ ſoufrir. Il l'éfaça & le diviſa de nouveau, il n'en fut pas encore content, „ il fit le même juſqu'à trois fois. Il étoit au deſeſpoir de ne pouvoir pas „ venir à bout de ce qu'il s'étoit proposé, & il vouloit recommencer la „ même maneuvre. Je lui dis qu'il étoit inutile, & qu'il n'en viendroit ja- „ mais à bout. Nos penſées ſont belles & bonnes, mais l'execution n'y ré- „ pond pas. Il faut ſe propoſer la plus grande juſteſſe, & ſe contenter de „ celle qu'on peut avoir.

„ Apres que la diviſion auroit été faite par un Ange, il faudroit auſſi un „ Ange pour ſe ſervir d'un tel Inſtrument ſans faute. Monſieur Hevelius „ avoit fait des Micrometres à rouës, pour ſousdiviſer les Minutes en Secon- „ des & au delà. Il dit qu'ils étoient ſi juſtes, qu'en obſervant, ils faiſoient „ pluſieurs tours, avant qu'il aperçût dans les diſtances, aucune variation. Je „ lui écrivis, que la diviſion de ces tours étoit bien inutile, puiſque dans la „ pratique, les révolutions entieres n'étoient pas même ſenſibles. C'eſt ainſi „ que d'autres ont propoſé d'obſerver juſqu'aux Tierces; quand ils ont mis „ la main à l'œuvre, ils ſe ſont détrompés.

„ Les obſervations des objets terreſtres, ſe peuvent bien faire avec plus „ de juſteſſe que celles des objets celeſtes, qui non ſeulement ſont dans un „ mouvement continuel qu'il eſt dificile de ſuivre exactement, mais qui ſe „ preſentent aux grands Inſtrumens tout tremblans, à cauſe de l'agitation „ de l'air par où paſſent les rayons.

„ Dans le grand Gnômon de Bologne, l'image du Soleil eſt agitée d'une „ vibration rapide, qui empêche de prendre les hauteurs du Soleil avec toute „ l'exactitude, que donneroit d'ailleurs la grandeur de l'Inſtrument.

„ J'avois dreſſé fixement à l'Obſervatoire un Objectif de cent piés à la „ belle Etoile *Capella*, pour l'obſerver à ſon paſſage par le meridien, aïant „ fixé à ſon foyer un Micrometre avec un fil horizontal, l'Etoile en paſſant „ ſautilloit au deſſus & au deſſous du fil, de ſorte que je ne trouvois pas „ plus de juſteſſe pour la hauteur, à me ſervir de ce grand verre, que d'un „ autre beaucoup plus petit, où cette agitation ne fut pas ſenſible. Je ne „ laiſſe pas, Monſieur, de loüer vôtre atention aux grandes exactitudes,

„ mais je ne dois pas dissimuler, puis que vous le voulez bien, les difficultez
„ que je trouve à parvenir à celle que vous prometez. Je suis avec respect,

MONSIEUR,

Votre tres-humble & tres obéissant Serviteur.

Le 12 Iuillet 1703. CASSINI.

Il poura sembler à quelques-uns, que Monsieur Cassini est persuadé, que M. le Bas se servoit du Micrometre & du Microscope joins ensemble. Si cet ouvrier l'avoit fait, il n'auroit pas recommencé son travail. Mon sentiment est, qu'apres avoir divisé ce Quart de cercle, il en a regardé les divisions avec un Microscope, qu'il travailloit dans la perfection, & qui grossissant beaucoup les objets, lui faisoit parêtre sensiblement qu'eles étoient mal placées. Il a pû même atacher deux Microscopes sur une verge de fer ou d'autre matiere, éloignés d'un certain nombre de degrés, & les transportant sur un autre pareil nombre, ne les pas trouver justes : ce qui l'aura engagé d'éfacer ces divisions, & d'en refaire d'autres, qu'il aura examinées de la même maniere, & y aiant trouvé les mêmes defauts, il aura voulu essayer une troisiême fois de mieux réussir. Monsieur Cassini a u raison de l'empêcher de continuer cete manœuvre, puis qu'il ne seroit jamais parvenu à une précision qui ût été à l'épreuve de ses Microscopes.

La raison en est évidente : il se servoit de ses yeux pour diviser, & l'erreur, qui pouvoit survenir par le transport de son Compas, ou par quelqu'autre cause, étoit si petite, qu'il lui étoit impossible de la remarquer ; mais en regardant ces divisions avec un Microscope qui grossissoit peut être cinquante fois où davantage, il pouvoit fort bien apercevoir cete erreur. S'il ût joint le Micrometre au Microscope, il ne se seroit point servi de ses yeux immediatement pour placer ces divisions, & les aiant placées par le moïen du Microscope, il n'auroit pu y apercevoir aucun erreur.

Un Ouvrier fort estimé dans son Art, m'a assuré qu'il avoit divisé deux Quarts de cercle de deux piés de rayon, qui ne s'éloignoient, que de cinq, de dix ou de quinze Secondes au plus, de l'exacte précision, ce qu'il estime si admirable, qu'il croit que le hazard y a u autant de part que son industrie, & même qu'il ne voudroit pas s'engager à en diviser d'autres avec une semblable précision.

Si ces deux habiles Artisans n'ont pu parvenir à diviser un Quart de cercle exemt d'erreur, que peut-on atendre des Artisans vulgaires?

202.

Que peut-on esperer des Instrumens qu'ils auront divisés? & peut-on établir un fondement solide, sur les observations qui ont été faites par leur moïen? J'entens parler des Observations qui demandent de la précision: car il est certain qu'à l'égard de quelques unes, il vaut mieux les avoir imparfaites & à peu prês, que de n'en avoir aucune.

La veritable & la seule objection, que l'on peut faire contre l'usage du Microscope Micrométrique, est la longueur du travail, & le grand nombre de fois qu'il faudra regarder dedans. Si pour diviser en deux parties égales une portion de cercle, & pour les vérifier apres la division, il y faut regarder huit ou dix fois, & peut-être d'avantage, à combien ira la division entiere de l'Instrument? Si un Ouvrier est un mois ou deux à le diviser à la maniere ordinaire, combien y sera t-il par cete nouvele? Et s'il le vend cent Loüis d'or, combien coutera t-il étant divisé avec le Compas Microsco-Micrométrique? Il y a peu de Curieux assez amateurs des Observations Astronomiques, & assez industrieux, pour entreprendre eux mémes un travail si long & si penible, & il y en a encore moins d'assez riches pour les acheter à un tel prix, à moins qu'ils ne soient gagés des Souverains.

Ces réflexions m'ont donné lieu de penser, que quelque excelent que fût l'usage du Microscope Micrométrique, pour la division des Instrumens Astronomiques, il lui manquoit la perfection d'être expeditif; elles m'ont engagé à chercher un nouveau moïen qui ût la précision, la facilité, & l'expedition, & j'en ai trouvé un qui me paroit tel.

AUTRE MOYEN

De diviser les Instrumens Astronomiques à la simple vüë, en peu de tems, & avec une précision exemte de toute erreur.

Les Observateurs & les Ouvriers qui voudront diviser un Quart de cercle, en traceront la circonference d'un trait fort delicat, & marqueront d'une petit point le comencement du premier degré, & la fin du soissantiéme, par la seule ouverture du compas, qui est justement la grandeur du demi-diametre, & une chose tres facile, & dans laquele il ne peut y avoir aucune erreur.

Ils feront ensuite un poinson à deux pointes égales & fort fines, qui seront les plus proches l'une de l'autre, qu'il leur sera possible, le poinson sera fait de telle maniere que les pointes ne pouront enfoncer plus à une fois qu'à une autre, quoiqu'on frape dessus inegalement: Aprês avoir posé une des pointes, sur le comencement du premier degré, ils feront avec l'autre un petit enfoncement, dans lequel ils métront la premiere pointe, & en feront avec la seconde un troisiéme: & continûront de cete maniere jusqu'à ce qu'ils soient parvenus proche la fin du soissantiême degré, car ce seroit un grand hazard, si la pointe tomboit justement dessus.

Aïant comté tous ces poins ou petites divisions, ils continûront de diviser en començant non sur la derniere division, mais sur le point du soissantiême degré, jusques à ce qu'ils soient parvenus à la moitié du nombre qu'ils auront trouvé, & la derniere division sera proche le nonantiême degré. Ils feront graver les chifres de ces petites divisions de cinq en cinq, ou de dix en dix, jusqu'au soissantiême degré, & recomenceront à ce soissantiême, jusqu'au prês du quatre-vint dixiême. Alors ce Quart de cercle sera entierement & parfaitement divisé, quoi qu'il n'i ait point de Degrés, de Minutes & de Secondes.

L'Observateur aïant pris la hauteur d'un Astre, comtera le nombre des petis poins ou divisions marquées par la ligne de foi, & il se servira du Calcul & de la Regle de Trois, pour conêtre le nombre des degrés, des Minutes & des Secondes. Car si tant de ces divisions, & tele partie d'une de ces divisions font soissante degrés, tel nombre d'autres & leurs fractions donneront tant de degrés, de Minutes & de Secondes.

L'Arithmetique est si familiere aux Observateurs, que je comte pour rien cete petite péne. Ils pouront neanmoins faire graver les degrés, & ils se serviront pour cela du Calcul, parce que la division en sera beaucoup plus exacte, que s'ils se servoient du Compas à l'ordinaire; Mais dans les Observations, ils s'en raporteront plutôt aux petites divisions qu'au nombre des degrés.

Les lignes transversales que tous les Astronômes font metre sur les Instrumens, ne donnent aucune précision par eles mêmes, & quoi que leurs divisions parêssent plus élognées l'une de l'autre, eles sont réelement aussi proches que dans la circonference des degrés, & il y a toûjours la même dificulté de discerner cele qui est coupée par le filet & si l'ouvrier s'est trompé dans la premiere, toutes les autres de la meme ligne seront fautives.

Leur précision est à peu prês de la nature des roües dentées, que quelques uns ont voulu ajoûter aux Instrumens Astronomiques & au Micrometre. Une marque évidente de l'inutilité de ces roües, est que Mr Hevelius n'apercevoit aucune variation dans les distances, quoique les Eguilles de ſon Micrometre fiſſent pluſieurs tours. Ce fameux Aſtronôme conſideroit come une perfection, ce qui étoit une veritable imperfection, il eut pu facilement le conêtre en faiſant réflexion que ces roües étant multipliées, marqueroient les quatriêmes, les cinquiémes & à l'infini.

Cete maniere de diviſer par de petits poins égaux fort près les uns des autres, n'exigent des ouvriers que leur vûë ſimple, ou tout au plus celle d'une loupe ; cependant ils pouront employer très-utilement le Microſcope Micrometrique, pour conêtre la fraction qui eſt proche le ſoiſſantiême degré, qu'on ne peut ſavoir trop exactement ; pour graver les degrés & les minutes ; & pour ſervir de ligne de foi, en l'atachant immobilement comme j'ai dit, afin que par ſon moyen un Inſtrument de trois piés de rayon faſſe le même éfet, que s'il avoit vint ou trente piés de demi-diametre. Il eſt viſible que céte préciſion n'eſt pas aparente & infinie, come celle des Rouës dentées & des lignes tranſverſales, & qu'au contraire elle eſt réelle & bornée.

Il eſt évident que tous ces points ſont également éloignés l'un de l'autre, & qu'un Quart de cercle divisé de cete façon à une préciſion auſſi exacte qu'on la peut ſouhaiter, puis qu'il eſt impoſſible d'y découvrir aucune erreur, & qu'il n'y a point de Microſcope Micrométrique qui puiſſe y en faire apercevoir ; & ſuposé que le Microſcope en fit remarquer quelqu'une, ce ne ſeroit plus alors une erreur, puis qu'on la pouroit coriger.

Les Obſervateurs peu habiles de la main & les Artiſans les plus groſſiers ſeront capables de la metre en pratique, & ils pouront diviſer un Quart de cercle en moins d'une ſemaine, ce qui rendra les Inſtrumens Aſtronomiques communs, & donera occaſion à un grand nombre de perſones de s'apliquer aux Obſervations celeſtes.

Il eſt vrai que les Savans propoſent quelques fois des penſées belles & bonnes, & que l'execution ny répond pas. Les Livres ſont remplis de ſemblables propoſitions. Les Hiſtoires des Academies de France & d'Angleterre, & les Journaux des Savans de toutes les Nations, contienent un grand nombre de ces ſortes de pensées qui ne réuſſiſſent point dans la pratique. A l'égard de cete maxime qu'il faut ſe propoſer la plus grande juſteſſe, & ſe contenter de celle qu'on peut avoir ; elle ne doit point être opoſée à la recherche que les Savans peuvent faire d'une plus grande perfection. Si les Modernes s'étoient contentés de ce qu'avoient les Anciens, les Arts & les Siences ne ſeroient point parvenus où ils ſont préſentement.

Monſieur Caſſini me fait une objection inſurmontable, lors qu'il dit qu'apres que la diviſion auroit été faite par un Ange, il faudroit auſſi un Ange pour ſe ſervir d'un tel Inſtrument ſans faute.

Je

Je m'assure que peu de gens prendront cete objection à la letre. l'Astronomie pratique exige comme plusieurs Arts un grand usage, beaucoup d'adresse & d'industrie; mais ceux à qui la Nature a donné ces talens, pouront parvenir à cete exacte précision, s'ils ont des Instrumens parfais; & quand ils auroient l'adresse des Anges, il leur seroit impossible d'y ariver, si leurs Instrumens étoient défectueux.

A l'égard du tremblement des Astres causé par l'agitation de l'air, il y a des tems dans l'année où elle est moindre & fort petite, & peut-être insensible. Mais quand pour l'éviter, on seroit réduit à une Lunete de cinquante piés ou au dessous, cete longueur donnera une précision assés grande pour prendre les hauteurs jusques aux Tierces.

Les Savans de ce siecle découvriront peut-être de meilleurs moïens que ceux dont je viens de donner l'explication; & s'ils ne sont pas assés hureux, il faut esperer que la posterité les trouvera.

Quod ut fiat, faxit
DEUS OPTIMUS
MAXIMUS.

Moyen de faire des Observations sur les Tremblemens de Terre, & de les pouvoir prédire.

QUelques Auteurs raportent que les anciens Philosophes pouvoient prédire les Tremblemens de Terre : si cela est, les Modernes sont fort élognés de l'habileté des Anciens. Les desordres éfroïables arivés depuis peu dans Rome & en d'autres endrois d'Italie, ont donné lieu aux Savans de ce païs-là de faire des réflexions sur ce Phénomene. Voici ce qui est dit dans la Gazete d'Holande du cinquiême de ce mois de Mars 1703.

,, Le Pape aïant fait venir au Palais les plus habiles Mathématiciens, ,, ils conférérent sur le Tremblement de Terre dont cet Etat a été batu, ,, & conclûrent que la Terre n'est point encore rafermie, ce qui fait crain- ,, dre de nouveles secousses. Monsieur Banchieri a fait devant sa Sainteté ,, une suputation par laquelle on peut prévoir le Tremblement de Terre un ,, quart d'heure avant qu'il se fasse : Et alors le Pape fera sonner la Cloche, ,, pour avertir les gens de se tenir sur leur garde.

Je ne sai point quel est le calcul de M. Banchieri, ni sur quel principe il est fondé, mais il me parêt certain que pour prédire les Tremblemens de Terre, il faut avoir fait un grand nombre d'Observations, & je n'ai point conêssance, que les Savans de ces derniers siecles ayent eu la pensée d'en faire, ni qu'ils ayent proposé aucun moïen pour cela.

Il y a dêja quelques années que celui dont je vais parler m'est venu dans l'esprit. Je ne l'ai point publié, croïant qu'il seroit d'une médiocre utilité & peu estimé des curieux, parce que ces frissons de la Nature, si j'ose me servir de cete expression, sont rares dans les païs Septentrionaux de l'Europe, & je doute qu'on y en ait vu de semblables à celui qui ariva il y a quarante ans dans le Canada, sur le bord Septentrional de la Riviere de S. Laurent, dont il reste d'étranges marques, & l'on y voit encore de grands arbres renversés pêle-mêle dans une vaste étenduë de païs.

Ce moïen consiste à laisser en experience un bassin posé horizontalement, plein de Mercure révivifié de Cinabre. Ce bassin fait de Terre ou d'une autre matiere propre à le contenir, aura des bords fort larges, sur lesquels seront huit cavitéz ou vases profonds, avec des rénûres qui iront de celui du milieu à ceux des bords.

Il est évident que lors qu'il arivera un Tremble-Terre, le Vif-argent coulera dans quelqu'un de ces vases, & il y en entrera plus ou moins, selon qu'il sera fort ou foible : on en déterminera les degrés suivant la quantité du Mercure, en le pesant, ou en le métant dans un petit tuïau de verre divisé en plusieurs parties.

Une autre proprieté considérable de cete experience est qu'elle fera conêtre l'inclination de la Terre, & le côté du monde ou elle a comencé de s'élever : parce que si le vase dans lequel a coulé le Mercure regarde le Septentrion, c'est une marque certaine que la Terre s'est élevée du côté du Midi. Si on fait cete experience en plusieurs endrois, on conêtra l'origine du Tremblement & le lieu où il a comencé : parce que la Terre y étant élevée de tous côtés, le Vif-argent tombera dans des vases qui regarderont diférentes parties du monde.

Voici la maniere dont je pense que ce moïen servira à prédire les Tremblemens de Terre, dont la cause qui les produit n'est pas encore connuë des Philoſophes; les uns l'atribuant à des Vents ſouterrains, les autres à un air renfermé qui ſe rarefie, & d'autres, à des Soufres, des Bitumes & à de pareilles matieres qui s'enflâment. Il eſt vrai-ſemblable qu'avant que ces Tremblemens arivent, la matiere qui les cauſe fait pluſieurs petis éfors, leſquels étant trop foibles ne peuvent rompre & ſoulever la partie de la Terre qui doit trembler. Si ces éfors la ſoulevent de trois ou quatre lignes, où même d'un pouce ou deux, ils ne produiront que des Tremblemens inſenſibles, & dont qui que ce ſoit ne poura s'apercevoir; mais le Mercure qui eſt dans ce baſſin, étant prês de ſe répandre de tous côtés tombera quelque peu dans un des vaſes, & plus ou moins à proportion de la grandeur de ces éfors.

Ce Vif-argent ſera couvert d'une glace de verre, pour empêcher l'agitation du vent & les Philoſophes l'obſerveront en obſervant le Barometre, le Thermometre, &c. Lors qu'ils en apercevront quelque peu dans un des vaſes, ils en marqueront la quantité & le remetront auſſi-tôt dans le baſſin. S'il en tombe pluſieurs fois de ſuite en petite quantité, ils jugeront alors, que la Nature travaille, & fait de petis éfors dans les entrailles de la Terre. Si le Mercure répandu augmente conſidérablement, ils conjectureront le Tremble-Terre imminent, & apres pluſieurs obſervations ils parviendront à prédire le tems auquel il arivera. Si aprês le Tremblement il tombe de nouveau un peu de Vif-argent dans ces petis vaſes, ce ſera une marque que la Terre ne ſera point encore rafermie, & qu'il faudra craindre de nouveles ſecouſſes.

Supoſé que la cauſe des Tremblemens de Terre ſoit ſemblable à celle des Mines chargées de poudre à canon, qui font leur éfet dans un inſtant, il ne tombera pas une ſeule goute de Mercure avant le Tremble-Terre. Si la choſe étoit ainſi, il ne ſe feroit come dans les Mines, qu'une ſeule ſecouſſe; mais l'experience fait conêtre qu'il en arive d'ordinaire pluſieurs. On peut plus vrai-ſemblablement comparer ce Phénomene à celui du Tonnere, qui fait pluſieurs éfors réiterés, avant que le plus grand paroiſſe & que la nuë créve. Il y a grande aparence que l'un & l'autre de ces éfets eſt produit par des matieres ſulphureuſes & ſalines qui s'enflâment ſucceſſivement: & on peut croire qu'il ſe fait auſſi pluſieurs effors dans l'interieur de la Terre. C'eſt une choſe vulgaire, que pour découvrir une Mine ou une Contre-Mine, on met ſur le lieu ſuſpect un Tambour avec des Dez deſſus, & que leur frémiſſement fait conêtre que l'on travaille ſous ce terrain là. Si les médiocres coups des Inſtrumens dont on ſe ſert dans ces Mines, produiſent cet éfet, on peut croire que les éfors que la Nature fait dans les Tremblemens de Terre, qui nous parêſſent petis, mais qui ſont grands en eux mêmes, deviendront ſenſibles par la chute de ce Mercure.

208.

Ceux qui dans la guerre des Anciens & des Modernes tienent le parti de ces derniers, nieront le fait, & ne demeureront point d'acord que les premiers aïent pû prédire les Tremblemens de Terre. Cependant on pouroit penser que les anciens Philosophes ont conu le moyen que je viens de proposer, & qu'ils en ont fait un grand nombre d'Observations & d'experiences, dont ils ont tiré des lumieres pour prédire les Tremblemens. Peut-être aussi qu'ils se sont servis d'un moyen plus parfait, lequel est maintenant inconu, caché dans son principe & dans la Majesté de la Nature, suivant l'expression de Pline, dont il pouroit être retiré si les Savans de ce siecle s'apliquoient à sa recherche. Ce seroit une découverte tres digne de leur aplication, & plus curieuse à mon sens, que celle du retour périodique des Cometes, que les Astronômes modernes assurent pouvoir être prédites : & elle seroit beaucoup plus utile, particulierement dans les païs sujets aux Tremblemens de Terre.

J'ay imaginé un autre moyen, composé d'un Perpendicule de rouës dentées, & d'éguilles; mais celui que je viens d'expliquer me parêt plus simple. On le rendra plus sensible en le faisant à l'imitation du Niveau que j'ai publié en 1679. qui est composé de Mercure & d'Huile de Tartre, contenus dans un tuïau de verre de diférente capacité.

On poura se servir de deux ou de quatre de ces Niveaux, en donnant à chacun une situation particuliere à l'égard des quatre parties du monde. Ils seront remplis d'Huile de Tartre jusqu'au bout qui sera recourbé, afin qu'elle puisse tomber dans un petit vaisseau que l'on metra dessous. Ceux qui conêssent la fabrique de ce Niveau, vêront clairement qu'il tombera quelque peu d'Huile de Tartre dans la plus petite émotion de la Terre. Quand elle ne s'inclineroit que d'une ligne, il sortiroit du Niveau dix lignes de Liqueur, ou même d'avantage, suivant la longueur & la proportion des bouteilles & du tuïau. C'est ce principe qui produit la grande sensibilité du Barometre double, & qui rend ce Niveau beaucoup plus sensible & plus exact, (toutes choses proportionées) qu'aucun de ceux qui ont été inventés jusqu'à present.

FIN.

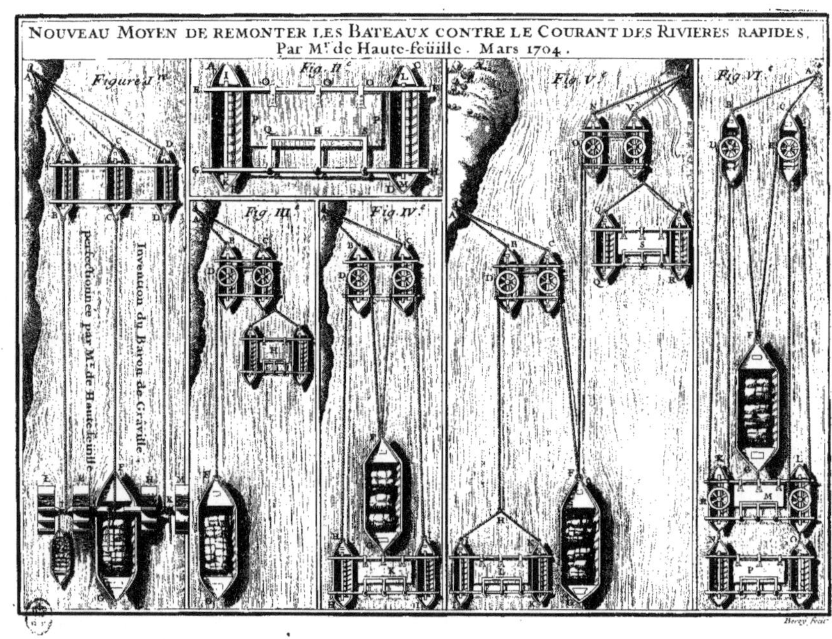
NOUVEAU MOYEN DE REMONTER LES BATEAUX CONTRE LE COURANT DES RIVIERES RAPIDES,
Par Mr. de Haute-feüille. Mars 1704.
Figure Ire
Fig. IIe
Fig. IIIe
Fig. IVe
Fig. Ve
Fig. VIe
Invention du Baron de Graville
perfectionnée par Mr. de Haute-feüille

www.ingramcontent.com/pod-product-compliance
Lightning Source LLC
LaVergne TN
LVHW050505160826
845677LV00003B/947

* 9 7 8 2 3 2 9 6 4 7 4 0 1 *